HECHOS PARA SOBREVIVIR

ARMAS DE DINOSAURIO

Alan Walker

Traducción de Sophia Barba-Heredia

Un libro de El Semillero de Crabtree

CRABTREE
Publishing Company
www.crabtreebooks.com

ÍNDICE

¡LOS DINOSAURIOS DOMINABAN!

Los dinosaurios **se extinguieron** hace aproximadamente 65 millones de años. Antes de eso, sobrevivieron por más de 100 millones de años.

Como los animales de hoy, los dinosaurios tenían órganos que les ayudaban a sobrevivir. Los órganos de dinosaurio preservados como **fósiles** nos dan información importante sobre estos animales.

En todos los continentes de la Tierra han sido encontrados fósiles de dinosaurio.

DIENTES TERRORÍFICOS

Los **depredadores** usan sus dientes para cortar, desgarrar y rajar. Son armas perfectas para cazar y matar **presas**.

Los tiranosaurios rex
cazaban a sus presas.

El fósil de un diente de dinosaurio puede decirnos qué tipo de alimento comía el dinosaurio: ¿era carnívoro o **herbívoro**?

El fósil de un tiranosaurio rex nos muestra su enorme tamaño. Su esqueleto medía 5 pies (1.5 metros) de largo y sus mandíbulas estaban alineadas con filosos y puntiagudos dientes.

El espinosaurio es el dinosaurio carnívoro más grande conocido.

Éste fósil de diente de espinosaurio fue encontrado en Marruecos, África. Mide casi 3.5 pulgadas (9 centímetros) de largo.

Los dinosaurios carnívoros podían usar sus dientes como armas en batallas contra otros carnívoros.

Triceratops significa
cara con tres cuernos.

CUERNOS MORTÍFEROS

Los cuernos sirven para golpear, apuñalar y cornear. Los cuernos de los dinosaurios eran armas útiles para combatir carnívoros.

Los cuernos de los dinosaurios también pudieron ser usados para atraer parejas. Los **ceratopsios** tenían picos parecidos a los pericos y cuellos adornados. Algunos tenían uno o más cuernos. Los ceratopsios eran herbívoros.

Éste es el esqueleto fósil de un triceratops. El triceratops es el ceratopsio mejor conocido.

El estiracosaurio era un ceratopsio con múltiples cuernos.

Carnotauro significa toro carnívoro. Fue el único dinosaurio carnívoro con cuernos.

Los científicos creen que el carnotauro tenía una piel escamosa, como la de un reptil.

Un fósil completo de un carnotauro fue encontrado en Argentina en 1984.

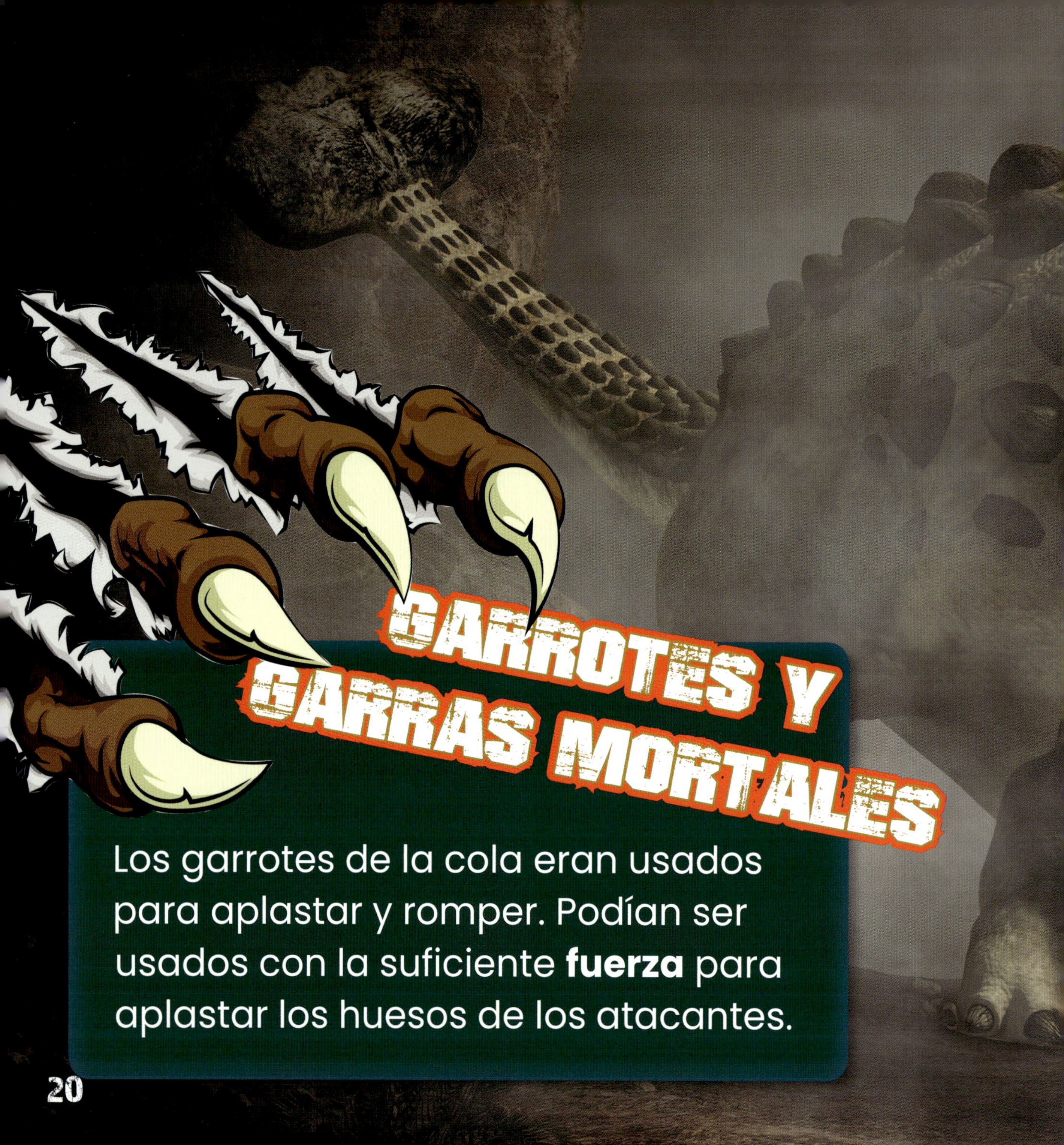

GARROTES Y GARRAS MORTALES

Los garrotes de la cola eran usados para aplastar y romper. Podían ser usados con la suficiente **fuerza** para aplastar los huesos de los atacantes.

Los anquilosaurios lo tenían todo: cuernos en la cabeza, un cuerpo acorazado y un garrote al final de su cola.

Las garras sirven para rasgar, rebanar y despedazar. Los dinosaurios carnívoros usaban sus garras para capturar y matar presas.

Los velicorráptor tenían una garra larga y curva en cada pata.

Éste es el fósil de la garra de un velocirráptor.

Glosario

ceratopsios: Dinosaurios herbívoros que tenían un pico parecido al del perico, cuellos adornados y a veces uno o más cuernos.

depredadores: Animales que cazan a otros animales para alimentarse.

fósiles: Los restos de animales o plantas de hace millones de años.

fuerza: Vigor o poder.

herbívoro: Un animal que solo come plantas.

presas: Animales cazados y comidos por otros animales.

se extinguieron: Que no tiene integrantes vivos.

Índice analítico:

Apoyos de la escuela a los hogares para cuidadores y maestros

Este libro ayuda a los niños en su desarrollo al permitirles practicar la lectura. Abajo están algunas preguntas guía para ayudar al lector a fortalecer sus habilidades de comprensión. En rojo hay algunas opciones de respuesta.

Antes de leer:

- **¿De qué pienso que tratará este libro?** *Pienso que este libro es sobre dinosaurios. Pienso que este libro es sobre las partes de los dinosaurios que eran usadas para matar a otros dinosaurios.*
- **¿Qué quiero aprender sobre este tema?** *Quiero aprender cuánto tiempo sobrevivieron los dinosaurios. Quiero aprender cuál era el dinosaurio más atroz y el mejor peleador.*

Durante la lectura:

- **Me pregunto por qué...** *Me pregunto por qué algunos dinosaurios solo comían plantas. Me pregunto por qué se extinguieron los dinosaurios.*
- **¿Qué he aprendido hasta ahora?** *Aprendí que los dinosaurios se extinguieron hace aproximadamente 65 millones de años. Aprendí que antes de eso sobrevivieron por más de 100 millones de años.*

Después de leer:

- **¿Qué detalles aprendí de este tema?** *Aprendí que los fósiles de los dientes de un dinosaurio pueden decirnos si comían carne o plantas. Aprendí que el espinosaurio es el dinosaurio carnívoro más grande conocido.*
- **Anota las palabras que no conozcas y haz preguntas para entender su significado.** *Veo las palabras* ***se extinguieron*** *en la página 5 y la palabra* ***fósiles*** *en la página 6. Las demás palabras del vocabulario están en la página 23.*

Library and Archives Canada Cataloguing in Publication
Title: Armas de dinosaurio / Alan Walker ; traducción de Sophia Barba-Heredia.
Other titles: Dinosaur weapons. Spanish
Names: Walker, Alan, 1963- author. | Barba-Heredia, Sophia, translator.
Description: Series statement: Hechos para sobrevivir | Translation of: Dinosaur weapons. | Includes index. | "Un libro de el semillero de Crabtree". | Text in Spanish.
Identifiers: Canadiana (print) 20210249064 | Canadiana (ebook) 20210249072 | ISBN 9781039618213 (hardcover) | ISBN 9781039618275 (softcover) | ISBN 9781039618336 (HTML) | ISBN 9781039618398 (EPUB) | ISBN 9781039618459 (read-along ebook)
Subjects: LCSH: Dinosaurs—Juvenile literature. | LCSH: Animal weapons—Juvenile literature.
Classification: LCC QE861.5 .W3318 2022 | DDC j567.9—dc23

Library of Congress Cataloging-in-Publication Data
Names: Walker, Alan, 1963- author.
Title: Armas de dinosaurio / Alan Walker ; traducción de Sophia Barba-Heredia.
Other titles: Dinosaur weapons. Spanish
Description: New York, NY : Crabtree Publishing, [2022] | Series: Hechos para sobrevivir - un libro el semillero de Crabtree | Includes index.
Identifiers: LCCN 2021028456 (print) | LCCN 2021028457 (ebook) | ISBN 9781039618213 (hardcover) | ISBN 9781039618275 (paperback) | ISBN 9781039618336 (ebook) | ISBN 9781039618398 (epub) | ISBN 9781039618459
Subjects: LCSH: Dinosaurs--Juvenile literature. | Animal weapons--Juvenile literature.
Classification: LCC QE861.5 .W32418 2022 (print) | LCC QE861.5 (ebook) | DDC 567.9--dc23
LC record available at https://lccn.loc.gov/2021028456
LC ebook record available at https://lccn.loc.gov/2021028457

Crabtree Publishing Company
www.crabtreebooks.com 1–800–387–7650

Published in the United States
Crabtree Publishing
347 Fifth Ave.
Suite 1402-145
New York, NY 10016

Published in Canada
Crabtree Publishing
616 Welland Ave.
St. Catharines, Ontario
L2M 5V6

Written by Alan Walker
Translation to Spanish: Sophia Barba-Heredia
Spanish-language layout and proofread: Base Tres
Print coordinator: Katherine Berti
Printed in the U.S.A./092021/CG20210616

Print book version produced jointly with Blue Door Education in 2022

Photo credits: istock.com, shutterstock.com. COVER: shutterstock.com | Herschel Hoffmeyer; Pages 2-3: istock.com | Orla, shutterstock.com | Christos Georghiou-(3,5,8,15,20); Pages 4-5: shutterstock.com | Herschel Hoffmeyer; Pages 6-7: istock.com | Yicai; Pages 8-9: istock.com | Warpaintcobra; Pages 10-11: istock.com | LG-Photography; Pages 12-13: istock.com | MR1805, shutterstock.com | Herschel Hoffmeyer, istock.com | DarthArt; Pages 14-15: shutterstock.comn | Herschel Hoffmeyer; Pages 16-17: Shutterstock.com | bekirevren, Allie_Caulfield_CC BY-SA 3.0; Pages 18-19: shutterstock.com | Warpaint, AStrangerintheAlps_CC BY-SA 3.0; Pages 20-21: shutterstock.com | Daniel Eskridge; Page 22 shutterstock.com | Noiel, shutterstock.com | W. Scott McGill